COMMENT ON DÉFEND
SON BÉTAIL

MOYENS DE PRÉVENIR ET DE COMBATTRE

La Fièvre Aphteuse (Cocotte)

PAR

G. FABIUS DE CHAMPVILLE

Membre du Jury au Concours général agricole de Paris
Officier du Mérite Agricole, Officier d'Académie

Ouvrage récompensé par la Société protectrice des Animaux

Prix : 1 franc

2ᵉ édition à dix mille, corrigée et augmentée

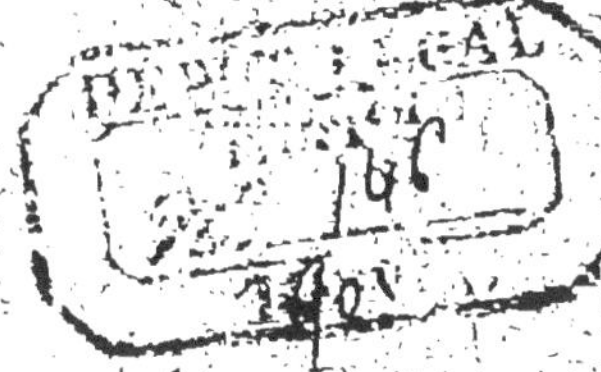

PARIS

L'ÉDITION MÉDICALE FRANÇAISE
29, RUE DE SEINE, 29

1900

COMMENT ON DÉFEND

SON BÉTAIL

Moyens de prévenir et de combattre

La Fièvre Aphteuse (Cocotte)

COMMENT ON DÉFEND
SON BÉTAIL

MOYENS DE PRÉVENIR ET DE COMBATTRE

La Fièvre Aphteuse (Cocotte)

PAR

G. FABIUS DE CHAMPVILLE

Membre du Jury au Concours général agricole de Paris
Officier du Mérite Agricole, Officier d'Académie

Ouvrage récompensé par la Société protectrice des Animaux

Prix : 1 franc

2ᵉ édition à dix mille, corrigée et augmentée

PARIS

L'ÉDITION MÉDICALE FRANÇAISE
29, RUE DE SEINE, 29

1900

LA FIÈVRE APHTEUSE

Déjà, en 1892, nous dûmes nous occuper, d'une façon spéciale, de cette maladie dont les résultats, pour n'être pas toujours mortels, apportent presque toujours la ruine dans de nombreuses exploitations.

C'est qu'en effet, le pays où l'épidémie de fièvre aphteuse ou cocotte se produit voit immédiatement sa vie commerciale arrêtée.

Plus de foires, plus de transactions. C'est donc un danger très grand, non seulement pour les éleveurs, mais encore pour tous les habitants qui, plus ou moins, voient leurs moyens d'existence diminuer d'une manière réellement alarmante.

Il y avait longtemps que la fièvre aphteuse n'avait sévi en France avec une telle ampleur. De presque partout, nos correspondants et nos amis nous la signalent ; mais c'est surtout dans l'Est, le Nord, l'Ouest et le Centre que cette affection épizootique a fait le plus de victimes.

A quoi doit-on attribuer cette maladie du bétail qui peut passer à la fois de la bouverie à la porcherie et de la porcherie à la bergerie ?

Nous pourrions avancer que c'est surtout dans les pays d'élevage qu'elle semble prendre naissance, que de plus, son développement est toujours en rapport direct avec la sécheresse. Mais cette affirmation serait insuffisante.

Nous sommes arrivé à nous convaincre que la fièvre aphteuse est une affection dont la principale cause réside en ceci : que trop de départements sont envahis par les pâturages.

Les terres à labour, les cultures de plantes fourragères annuelles et de légumineuses ont, peu à peu, cédé la place aux herbages et ces derniers sont, dans la majorité des cas, les sources les plus communes de la nourriture régulière des animaux de la ferme.

S'il y a un côté pratique à faire vivre les animaux en plein air, nous croyons que les herbages ne sont pas assez souvent renouvelés. Les herbes s'étiolent, leur valeur nutritive s'en ressent et peut-être même, surtout dans les années de sécheresse, peuvent-elles blesser les muqueuses buccales des bestiaux.

Comme le virus de la fièvre aphteuse peut se trouver dans l'air, les petites plaies ouvrent la voie à la contamination.

La fièvre aphteuse n'est pas nouvelle et, quoique certains auteurs osent prétendre qu'elle était inconnue des anciens, nous pensons, nous, bien au contraire, que les hippiatres grecs l'ont observée et soignée.

La fièvre aphteuse ou cocotte est, d'autre part, devenue plus fréquente à mesure que se multipliaient les agglomérations de bestiaux et les abattoirs en commun.

La province ne la connaissait presque pas autrefois et comptait peu de cas. En revanche, les grandes villes : Paris, Lyon, Bordeaux, Marseille, étaient préoccupées par cette infection.

De là à croire, comme dans le *Chemineau*, de Richepin. que les *jeteux de sorts*, les chemineaux, soient le plus souvent les malfaisants ouvriers de cette ruine agricole, il n'y avait qu'un pas. Et l'on prétendit longtemps, en effet, que c'était un mal mystérieux.

Heureusement, la science marchait. L'étude des épizooties éclairait la question et indiquait les moyens de traiter cette affection dont, nous le répétons, les résultats sont absolument ruineux.

C'est que si, dans la majorité des cas, la mort n'est pas la terminaison fatale de la fièvre aphteuse, c'est, le plus généralement, l'annulation d'une année entière d'engraissement. De plus, le lait subit une diminution notable qui peut aller jusqu'à sa disparition. C'est donc, dans le premier cas, l'impossibilité de retrouver le capital engagé ; dans le second, un désastre dans la production de la laiterie, de la beurrerie et de la fromagerie.

C'est aussi la parturition qui s'en ressent. C'est une disposition bien malencontreuse pour la vache pleine que d'être atteinte de la fièvre aphteuse. Tous les accidents peuvent en découler : avortement, mort de la mère et du veau, etc.

C'est aussi l'élevage des petits veaux entravé et l'engraissement des porcs sérieusement menacé, puisque, pour ces deux fins, les résidus de la laiterie sont tout indiqués.

Une des autres conséquences qui méritent d'être signalées, c'est le tort considérable fait à nos exportations par l'annonce de la fièvre aphteuse.

A tort ou à raison, les nations étrangères nous ferment leurs frontières, sans s'occuper si tout le territoire est envahi par la maladie.

Nos exportations sont donc, du même coup, anéanties, et toute une série d'intermédiaires se trouvent atteints par les effets d'une épidémie qui supprime momentanément tant de débouchés à nos animaux.

Il faut avouer aussi que la responsabilité de périodicité, devenue maintenant régulière, de la fièvre aphteuse, est rejetée sur l'agglomération des bestiaux à Paris et dans les bouveries des grandes villes, sur les mauvaises conditions dans lesquelles se trouvent les bêtes pour voyager par chemins de fer, privées de boisson pendant des journées entières et arrivant ainsi dans un état fébrile qui devrait attirer beaucoup plus l'attention des pouvoirs publics.

Certes, on ne meurt pas de manger de la viande fiévreuse ; mais nous pensons qu'avec la dégénérescence et la misère physiologiques qui, de plus en plus, gagnent du terrain au sein des populations urbaines, il y a une imprudence très grande à laisser consommer de la viande provenant d'animaux qui ne se trouvent pas dans un état parfait de santé. Et nous affirmons qu'avoir la fièvre, même bénigne, ne constitue pas un état parfait de santé, qu'au contraire, il y a déséquilibrement très préjudiciable à la qualité de la viande.

Et puis quelle prédisposition favorable pour la contamination par la tuberculose et les autres maladies que l'affaiblissement produit chez les bovins par la fièvre aphteuse !

Bien souvent, au *Fermier*, à la *Patrie* et au *National*, nous avons, de même que dans nos revues spéciales, réclamé avec insistance une sévérité très minutieuse en ce qui concerne les bouveries des marchés aux bestiaux et des abattoirs.

Nous avons insisté pour que les bergeries et les sanatoria, ainsi que les porcheries, soient l'objet d'une désinfection très méticuleuse et tous les jours renouvelée.

Nous voudrions que les marchés aux bestiaux et les abattoirs ne reçoivent pas un seul animal qui n'ait été soumis à l'inspection préliminaire relativement à la fièvre aphteuse et que tous n'y puissent pénétrer qu'après avoir traversé un bassin peu profond, rempli d'une solution antiseptique suffisamment énergique.

Ils sont nombreux les antiseptiques suffisants que l'on peut utiliser, en dehors des produits spéciaux vendus partout.

Le sublimé, l'acide cyanhydrique, le sulfate de cuivre, de fer et de nickel, le brome et le bichromate de potasse, le permanganate de potasse, le chlorure de zinc, le chlorure de plomb, l'acide thymique, l'acide phénique, l'azotate de plomb et la soude caustique, voilà une liste qui évitera une longue recherche à nos lecteurs.

L'inspection des wagons de chemins de fer ayant servi au transport des bestiaux doit être rigoureuse et le manque constaté de désinfection devrait être toujours puni.

Bien entendu, ces prescriptions, nous les entendons pour tous les animaux pénétrant dans les marchés ou abattoirs, qu'ils soient bovins, ovins ou porcins.

*
* *

Nous allons, maintenant, étudier rapidement les caractères distinctifs de la fièvre aphteuse.

Si nous voulions nous lancer dans l'érudition facile, nous dirions que ce nom vient du mot grec *aphtcis*, brûler, à cause de la sensation de brûlure que donnent les aphtes.

Du reste, les savants, les zootechniciens, les vétérinaires, ont donné les noms les plus scientifiques à cette affection.

C'est ainsi que certains la dénomment : la maladie aphteuse, stomatite aphteuse, phlyctène glossopède, exanthème inter-phalangé, exanthème interdigité ; enfin, la masse la désigne par un nom dont l'origine nous échappe. Elle appelle la fièvre aphteuse *cocotte*.

En somme, c'est une maladie éruptive, enzootique ou épizootique, qui a quatre périodes.

Elle est d'abord érythémateuse, c'est-à-dire qu'après un ou deux jours de tristesse, de diminution d'appétit, d'inquiétude, l'animal porte de petites élévations rougeâtres, de consistance plutôt dure, et qui se manifestent de préférence dans la cavité buccale, sur les lèvres, sur le nez, sur les mamelles et entre les deux doigts du pied.

La période d'éruption suit. A ce moment, apparaissent, aux endroits que nous venons de désigner, de petites vésicules transparentes.

Lorsque celles-ci s'ouvrent et laissent échapper un liquide purulent, on dit que la maladie est en période d'ulcération.

Enfin, la fièvre aphteuse est à la veille de la complète guérison quand les petites croûtes formées, dès que les vésicules se sont vidées, sèchent et tombent, ne laissant que de légères taches qui, lentement, s'effacent.

En somme, l'évolution de la maladie, à moins de complications exceptionnelles, telles que la nécrose de la troisième phalange, la chute des onglons ou une mammite grave, se fait assez rapidement.

Pendant ce temps, les bêtes sont inquiètes, boitent si elles ont des phlyctènes inter-phalangés, mangent avec difficulté et, quand la maladie est complètement développée, peuvent, par suite de faiblesse, de lassitude, de souffrance, refuser de manger et mourir.

Ces cas deviennent heureusement moins nombreux, mais il reste, hélas ! la conséquence de l'affection, celle de l'alimentation moins complète et la diminution, de jour en jour plus accusée, du lait.

Même, les vaches qui ont des vésicules aux mamelles ou aux trayons précipitent la disparition du lait en refusant de se laisser traire.

Cette répugnance se comprend, car, avec les aphtes, la mulsion est fort douloureuse et il devient impossible de la pratiquer.

Les vétérinaires ne s'accordent pas encore entre eux sur la question de la fièvre aphteuse.

Les uns prétendent, après des savants comme MM. Huzard père, Girard, Mathieu des Vosges, le professeur Tisserant, qu'elle n'est pas contagieuse.

Les autres, et il est certain que ce sont ces derniers qui ont raison, prétendent que la fièvre aphteuse est extrêmement contagieuse.

Il est du reste avéré, pour la majorité des éleveurs, qu'il existe deux modes de contagion.

L'une par le virus fixe qui suinte des vésicules; l'autre par un virus volatil, l'agent morbide de toutes les maladies épidémiques et qui diffèrent pour chaque affection contagieuse, semble être en suspension dans l'atmosphère où vivent les malades.

Par le virus fixe, la contagion se comprend aisément.

Des personnes qui ont soigné des bêtes malades viennent dans les étables et apportent avec elles les germes de la maladie. C'est pourquoi nous insisterons tout à l'heure sur les précautions à prendre.

La contamination peut s'effectuer encore dans les foires, dans les concours, sur les routes, à l'abreuvoir, dans les pâturages, dans les wagons de chemins de fer, par les fourrages.

Elle est donc plus facile qu'on ne pourrait le croire au premier instant.

Nous pouvons dire de suite que la viande des vaches atteintes de fièvre aphteuse que l'on fait abattre, ne voulant pas attendre leur amaigrissement, n'est pas mauvaise. Certes, nous préférons toujours ne demander la chair nécessaire à nos repas qu'à des animaux absolument sains, mais il n'y a pas de danger à utiliser dans l'alimentation, les premiers jours de la maladie, le bétail qui a été frappé par l'exanthème glosso-pède.

Il ne nous apparaît pas non plus que l'usage du lait soit à craindre; pourtant, nous ne saurions trop insister auprès de ceux qui voudraient le consommer, pour qu'ils aient le soin préalable de le faire bouillir. C'est plus sûr.

Un de nos voisins de campagne, un jour, après avoir bu du lait provenant d'une vache qu'il croyait aphteuse, crut ressentir une poussée d'aphtes. Il s'était trompé. Nous pûmes nous convaincre par nous-même qu'il se trouvait en présence de petites indurations de cowpox : la mamelle de la vache qui avait fourni le lait étant, à ce moment, atteinte de ce mal.

« Quels sont les moyens de prévenir la fièvre aphteuse ? »

Voilà une phrase que nous retrouvons bien souvent dans les lettres qui nous sont adressées chaque matin.

La réponse pourrait être brève, mais alors, elle ne contenterait pas nos lecteurs.

Nous entrerons donc dans quelques détails.

Tout d'abord, il faut, pour les animaux, une hygiène sévère, une nourriture saine et abondante, une boisson pure.

Avec ces trois points exactement observés, il y a presque sûreté que la maladie n'atteindra jamais les animaux vivant dans des pâturages où l'on n'introduira pas de bestiaux contaminés.

Aux bêtes qui restent à l'étable, on doit donner un local très aéré, bien éclairé et garni de litières propres, en plus de la nourriture et de la boisson analogues comme qualité, à celles des animaux qui vivent en plein air.

Si l'on est en période de contagion, il y a utilité à semer sur le seuil de l'étable une petite épaisseur de chaux qui, à l'entrée comme à la sortie, désinfecte les semelles des gens appelés à entrer et à sortir de l'étable.

En thèse générale, l'éleveur qui reçoit des animaux doit, s'il est prudent, les mettre à part pendant une dizaine de jours et ne pas les laisser se mêler immédiatement aux autres. Tant qu'une petite quarantaine ne l'aura pas absolument fixé sur l'état de santé de ses nouveaux pensionnaires, il y a imprudence à les mettre en contact avec le bétail qu'il possède depuis un certain temps.

Dès qu'un cultivateur s'aperçoit qu'il a une vache malade, il doit la séparer du reste du troupeau et désinfecter l'étable le plus rigoureusement possible.

Si les animaux sont aux champs et que le propriétaire n'ait pas les locaux suffisants, il doit mettre alors ses bêtes au piquet, de façon à éviter toute contamination par contact, en ayant soin de choisir deux champs assez éloignés. L'un pour les sains, l'autre pour les malades.

Nous ne conseillerons jamais de faire comme M. Lovrat qui, dès qu'il se trouvait en présence d'un cas de fièvre aphteuse, prenait, dans les phlyctènes de l'animal, l'élément virulent qu'il inoculait à tous ses animaux.

Comme cela, tout le troupeau était malade

ensemble et le traitement, d'après le propriétaire, se pratiquait plus facilement !...

En somme, l'hygiène, la propreté pour tous les animaux, et l'isolement pour les bestiaux suspects, voilà la première condition à remplir pour éviter la fièvre aphteuse.

Une affiche, fort bien faite, du ministère de l'agriculture, contient, à cet égard, d'excellentes indications et de précieux conseils.

Nous donnons avant les textes de loi qui régissent la question de la fièvre aphteuse, une reproduction de cette affiche si utile.

Ayant parlé du moyen de prévenir la fièvre aphteuse. il faut maintenant étudier les meilleurs modes à employer pour la combattre et la guérir.

Longtemps, le traitement se confina entre les émollients et certaines pratiques fantaisistes.

La vérité est que les manières de soigner les animaux sont multiples.

Nous avons vu des éleveurs faire ingurgiter de l'eau d'orme, d'autres, du cidre. Un certain nombre de propriétaires se contentaient même de faire prendre, à leurs animaux, des bains dans le cours d'eau qui passait à leur portée, ce contre quoi nous ne saurions trop protester, car on risque de propager la contagion.

Ajoutons que les bestiaux eux-mêmes combattent leur fièvre en se trempant jusqu'à mi-jambes dans l'eau fraîche qui est à leur portée et qu'ils en prennent de grandes lampées.

En moins de dix jours, nous savons vingt bovins qui ont été ainsi guéris sans qu'on ait eu à leur faire suivre aucun traitement médicamenteux, considérons que c'est une exception.

Dans nombres de cas, surtout quand la maladie s'est portée de préférence entre les deux doigts des pieds, aussi bien chez les bovins, les ovins et les porcins, le bain, composé d'un produit antiseptique étendu d'eau, nous a toujours paru le moyen le plus efficace de traitement.

On prépare le bain dans une concavité du sol et on force les animaux à y passer lentement. L'immersion complète des pieds, répétée trois ou quatre fois par jour, guérit l'exanthème glossopède très rapidement.

C'est du reste aux astringents et aux antiseptiques qu'il faut s'adresser pour guérir rapidement la fièvre aphteuse.

Malheureusement, il est assez difficile de prendre les pieds du bœuf ou de la vache pour les soigner.

Nous avons vu employer avec succès l'alun calciné en poudre très fine qui était projetée avec un soufflet semblable à celui qui sert à lancer les poudres insecticides.

On couvrait ainsi, de cette fine poussière alunée, les vésicules des pieds et de la mamelle. De plus, on badigeonnait, trois fois par jour, les minuscules plaies de la bouche avec de l'eau légèrement additionnée d'acide chlorhydrique,

2

Nous avons vu encore employer heureusement l'eau étendue d'acide sulfurique à raison de deux pour cent.

Quoique très sain, le miel rosa, dans son utilisation, nous semble un moyen très lent, sinon empirique.

Les cultivateurs, ou plutôt les vétérinaires qui préconisaient l'attouchement de chacune des vésicules, soit par une pointe de sulfate de fer, de sulfate de cuivre ou de nitrate d'argent, faisaient peut-être preuve de connaissances scientifiques, mais, aussi, d'un manque absolu de pratique.

L'emploi de sous-borate de soude, d'alcool rehaussé d'acide sulfurique, d'essence de thym et de jus de citron constitue une série de procédés qui ont leur valeur, mais qui deviennent enfantins et insuffisants dès que l'on a plus de deux animaux à soigner.

Il faut faire bien et faire vite. C'est ainsi qu'il faut répéter, quatre fois par jour, l'opération que nous allons indiquer.

C'est de cinq heures en cinq heures que se feront les applications : 5 heures et 10 heures du matin ; 3 heures et 8 heures du soir ; ou 6 et 11 heures matin, 4 et 9 heures du soir.

On prépare une solution antiseptique, soit avec le Crésyl-Jeyes, ou du Lysol, soit avec le Chlorol-Marye, qui fut patronné par Pasteur et employé par plusieurs municipalités et de nombreuses administrations pour la désinfection de différents locaux, soit encore avec les différents antiseptiques à la mode ou mieux encore avec l'acide salicylique à raison de 10 grammes par litre. On badigeonne consciencieusement, avec un gros pinceau doux, l'espace compris entre les deux ongles des pieds, la mamelle s'il y a lieu, ainsi que les lèvres, les gencives et la cavité buccale.

Quand l'animal ne supporte qu'imparfaitement le badigeonnage, on se sert d'une seringue ou d'un pulvérisateur qui humectent parfaitement les points que l'on veut atteindre.

Ce système a un excellent côté. C'est qu'il offre le moyen d'atteindre, d'assez loin, les petites plaies de la mamelle et des pieds.

Avec la solution préparée, on arrose la litière de l'étable, litière qui doit être copieuse, et on doit même asperger les murs.

Nous parlons de l'étable parce que nous conseillons de rentrer, si la chose est possible, les animaux dans les constructions de la ferme. On les a mieux sous la main pour faire les quatre applications journalières.

Si on ne peut rentrer les animaux et qu'on les ait mis au piquet, on agit de la même façon indiquée pour les bestiaux à l'étable. De plus, on leur apporte un peu de foin sec de bonne qualité et, pour boisson, on leur donne du barbottage, c'est-à-dire de l'eau et du son.

Il y a quelques années, dans une ferme où nous

avions été appelé, devant un troupeau de cent cinquante bêtes malades sur un total de deux cents, nous dûmes aviser de moyens pratiques et rapides. Nous exigeâmes d'abord une séparation absolue des sains et des fiévreux.

Une petite mare séchée fut immédiatement, grâce à une noria, remplie d'eau que nous rendîmes fortement antiseptique et cicatrisante par l'adjonction d'acide chlorhydrique et d'acide sulfurique, et nous fîmes défiler les animaux dans ce liquide où ils pataugèrent à qui mieux mieux, ce qui mouilla déjà utilement les trayons et les mamelles.

Chaque jour qui suivit, à la sortie de la mare, les animaux s'engageaient un à un dans un couloir formé de claies. A la fin de ce couloir, nous avions placé deux personnes munies d'un pulvérisateur, de ces pulvérisateurs que nous voulons toujours voir dans les fermes, parce qu'ils sont appelés à rendre de multiples services, tant pour combattre les parasites végétaux que pour détruire les insectes nuisibles.

Ces pulvérisateurs étaient remplis d'une solution antiseptique et, au passage, on ouvrait la bouche de l'animal, puis on aspergeait sa cavité buccale. La mamelle, à son tour, à ce même passage, à droite et à gauche, était copieusement arrosée.

La maladie fut ainsi guérie, d'une façon absolue, en moins de huit jours, et la diminution du lait fut relativement peu considérable ; moins de vingt pour cent.

Un de nos amis du comté de Suffolck a, d'accord avec nous, expérimenté un procédé sur lequel il nous a envoyé des détails concluants.

Le mode d'opérer est simple et pratique pour les petites exploitations.

On prépare une solution de 150 grammes d'acide salicylique pour 15 litres d'eau chaude.

La bouche et les pieds des bêtes atteintes de fièvre aphteuse doivent être soigneusement lavés trois fois par jour avec ce liquide. De plus. le haut des sabots doit être bien saupoudré, après chaque ablution, avec de l'acide salicylique en poudre.

Le traitement interne est plus simple encore. Il suffit de mélanger à la boisson de l'animal un peu de la solution précitée, de façon à lui faire entrer dans l'économie la valeur d'un gramme d'acide salicylique par jour.

Bien entendu, le lavage des murs, le nettoyage minutieux des étables s'imposent. De plus, il sera prudent de mouiller légèrement le fumier d'eau salicylée, de façon à prévenir l'infection.

Cet agriculteur nous a affirmé avoir obtenu des résultats merveilleux de ce traitement. Ses bœufs retrouvaient l'appétit en moins de quatre jours et, en huit jours, ils étaient complètement guéris.

Des truies ont été également soumises au traitement que nous venons d'indiquer. Pour ces bêtes, la guérison fut obtenue en deux jours et les petits qu'elles nourrissaient ne sont pas morts.

Depuis la publication de la première édition de ce travail, nous avons été appelé bien souvent à donner des conseils, la fièvre aphteuse ayant fait des progrès plus grands qu'on ne pouvait s'y attendre.

Un de nos excellents amis prétendait que la fièvre aphteuse avait dégénéré en une maladie comparable à la grippe, devenue chez l'homme, la dangereuse influenza.

Il attribuait à la *cocotte* les mêmes facilités de contagion qu'a l'influenza dans la race humaine.

Il y a quelque chose de vrai dans les affirmations de notre compatriote, et nous avons en conséquence eu parfois à expérimenter pour les voies digestives et intestinales de nos animaux, un traitement approprié, tout en pratiquant les lavages antiseptiques buccaux et extérieurs avec soin.

Nous devons avouer que la guérison nous apparut plus rapide, grâce à l'emploi interne de l'acide salicylique.

On nous a communiqué des recettes. Beaucoup doivent être rejetées.

On nous a entretenu d'un traitement au sulfate de fer. Nos résultats personnels sont les mêmes, que nous ayons employé la couperose verte ou vitriol vert, c'est-à-dire le protosulfate de fer, le sulfate de fer pur ou le sulfate de protoxyde de fer.

Le sulfate neutre hydraté de bioxyde de cuivre,

dénommé couramment vitriol bleu ou couperose bleue, ou appelé simplement sulfate de cuivre, nous a donné de bons résultats, mais, comme pour son dosage et sa manutention, il faut un peu plus de circonspection que pour le sulfate de fer, nous n'entrerons dans le détail du mode de procéder que pour ce dernier.

C'est comme mode de traitement celui que nous avons indiqué plus haut : trois à quatre lavages, badigeonnages, seringages ou pulvérisations par jour.

Nous avons employé le sulfate de fer du commerce, à raison de 10 0/0. C'est le maximum de dosage de la solution surtout en ce qui concerne le lavage intérieur de la bouche.

Nous faisons barboter les animaux dans la solution si nous pouvons, sinon, nous les lavons par les moyens indiqués plus haut.

Tout en laissant une large bande de chaux au seuil des étables où restent enfermés les bestiaux, on pourra asperger les litières de solution sulfatée, semer de la poudre très fine de sulfate de fer dans tous les endroits où pourront séjourner les animaux ; enfin faire, pour la boisson avec le sulfate de fer, ce que nous avons fait avec l'acide salicylique : en donner de façon à ce que chaque animal n'en ingurgite pas plus de trente à quarante centigrammes par vingt-quatre heures.

Du reste, au-dessus de cette quantité, la saveur typique de la boisson pourrait empêcher les animaux de boire.

Il faut croire que la formule au sulfate de fer a conquis des agriculteurs, car nous voyons M. A. Couteaux, notre éminent confrère du *Temps*, la recommander sur l'incitation de M. Croquevielle qui l'a expérimentée tant au point de vue curatif qu'au point de vue préventif.

Nous répétons, du reste, que toutes les mesures préventives bien appliquées constituent de sérieuses économies.

C'est l'une des meilleures. assurances que de s'efforcer de tuer, par une antisepsie rigoureuse, tous les ferments de la maladie, tous les virus de la contagion.

La propreté, même outrée, ne doit jamais perdre ses droits, et les habitudes de passer ses mains sur les animaux à tout propos doivent, en temps d'épidémie, être rigoureusement proscrites.

On ne doit jamais entrer dans la cour de la ferme ou dans les étables avec des chaussures qui ont servi à aller au marché ou chez les voisins.

Ces petits détails, si peu importants d'apparence, sont souvent gros de résultats.

L'usage des poudres d'alun, de Crésyl-Jeyes, d'acide salicylique, de Chlorol-Marye, pour les plaies des pieds ; l'emploi de dix ou douze antiseptiques recommandés, offrent une large latitude dans le choix du traitement qui, toujours, est à la portée de tous les éleveurs : petits et grands.

Il suffira, pour faire disparaître la fièvre aphleuse, cause de pertes se chiffrant par des millions, de suivre rigoureusement les conseils que nous avons donnés ici.

Que l'on veuille bien se pénétrer que l'isolement des malades, que les soins minutieux de propreté, que la désinfection méticuleuse, rigoureuse, exagérée même, des locaux ayant abrité les animaux atteints de la fièvre aphteuse, sont des conditions qu'il ne faut jamais oublier.

Pour les étables, bergeries, porcheries, un lavage à grande eau — eau bouillante — aiguisée d'acide chlorhydrique, d'acide sulfurique ou relevée d'un désinfectant violent, est ce que nous indiquons de préférence. Après ce lavage, on passe au lait de chaux, et le local est apte à recevoir les animaux.

D'autres conditions, peu difficiles à remplir, assureront l'efficacité de tous les moyens proposés. C'est d'abord l'exécution stricte des règlements de police sanitaire; c'est l'observance complète des arrêtés préfectoraux et des décrets d'administration qui régissent la matière.

Pour que personne n'en ignore, et pour que cette brochure, qui n'a qu'un but pratique et utilitaire, soit complète, nous donnerons quelques textes pour terminer.

Nous osons espérer que ce petit travail sans prétention mettra à la portée de tous le moyen de combattre le fléau.

Et s'il peut produire cet heureux résultat : faire obstacle au développement de la fièvre aphteuse, nous serons largement récompensé.

Ce 25 août 1900.

G. FABIUS DE CHAMPVILLE.

MINISTÈRE DE L'AGRICULTURE

FIÈVRE APHTEUSE OU COCOTTE

SYMPTÔMES QUE PRÉSENTENT LES ANIMAUX MALADES

A – Aphte à son début
B – Aphte à son complet développement
   (Vésicule intacte)
C – Aphtes ulcérés (Vésicules rompues)
D – Aphte en voie de guérison dont la surface
   est couverte d'une croûte

MESURES A PRENDRE POUR COMBATTRE LA MALADIE ET ÉVITER SA PROPAGATION.

La FIÈVRE APHTEUSE ou COCOTTE est parmi les maladies contagieuses, celle qui les cultivateurs doivent surtout redouter. Frappant près de 25 à 30 p. 100 des animaux de l'espèce bovine, elle peut déterminer des pertes énormes […]

La DÉCLARATION […] EST ABSOLUMENT OBLIGATOIRE. […]

PRINCIPAUX SYMPTÔMES DE LA FIÈVRE APHTEUSE.

La maladie se manifeste d'abord par un état de fièvre avec manque d'appétit […]

CONSEILS AUX CULTIVATEURS.

[…]

USAGE DU LAIT

Le lait provenant des vaches atteintes de la fièvre aphteuse pouvant transmettre la maladie, son emploi […]

Lois et Règlements

Applicables à la Fièvre Aphteuse

« Un homme averti en vaut deux », dit la Sagesse des Nations. Voici donc les textes qui régissent la question qui nous préoccupe aujourd'hui et qu'il faut que chacun connaisse.

C'est tout d'abord un extrait du décret du 22 juin 1892, qui est relatif à l'exécution de la loi sur la police sanitaire des animaux, loi promulguée le 21 juillet 1881.

Fièvre Aphteuse

29. Lorsque la fièvre aphteuse est constatée dans une commune, le préfet prend un arrêté portant déclaration d'infection des locaux, cours, enclos, herbages et pâtures dans lesquels se trouvent les animaux malades, et déterminant le périmètre dans lequel l'arrêté sera applicable. Cet arrêté est notifié aux maires de la commune et des communes limitrophes. Il est publié et affiché.

30. La déclaration d'infection entraîne l'application des dispositions suivantes :

1° Mise en quarantaine des locaux, cours, enclos, herbages et pâtures déclarés infectés, impliquant défense d'y introduire des animaux sains des espèces bovine, ovine, caprine et porcine; dénombrement et marque de ceux qui s'y trouvent.

Par exception, s'il est nécessaire de conduire les animaux malades ou suspects au pâturage, la route qu'ils doivent suivre est déterminée par un arrêté du maire; cette route est marquée par des poteaux indicateurs, ainsi que les limites du pâturage dans lequel les animaux doivent être cantonnés; après la marque, les animaux de travail qui ont été exposés à la contagion peuvent être utilisés sous les conditions déterminées par le maire, après avis du vétérinaire sanitaire de la circonscription. Il est délivré par le maire un laissez-passer indiquant les limites dans lesquelles la circulation desdits animaux est autorisée;

2° Avertissement de l'existence de la fièvre aphteuse par un écriteau placé à l'entrée principale de la ferme et des locaux, cours, enclos, herbages et pâtures infectés;

3° Visite et surveillance, par le vétérinaire sanitaire : des locaux, cours, enclos, herbages et pâtures de la ferme ou de l'établissement où la maladie a été constatée;

4° Détermination des routes, chemins et sentiers fermés à la circulation des animaux susceptibles de contracter la fièvre aphteuse;

5° Défense de faire sortir des locaux infectés des

objets ou matières pouvant servir de véhicules à la contagion, tels que pailles, fourrages, litières, fumiers, couvertures, harnais, etc.;

6° Interdiction de déposer les fumiers sur la voie publique et d'y laisser écouler les parties liquides des déjections; obligation de traiter ces matières conformément aux prescriptions des arrêtés administratifs;

7° Interdiction de laisser pénétrer dans les locaux infectés les bouchers, marchands de bestiaux et toute personne non préposée aux soins à donner aux animaux;

8° Obligation, pour toute personne sortant d'un local infecté, de se soumettre, notamment en ce qui concerne les chaussures, aux mesures de désinfection jugées nécessaires;

9° Interdiction de vendre les animaux malades, si ce n'est pour la boucherie, auquel cas ils doivent être conduits directement à l'abattoir, par des voies indiquées à l'avance.

La même interdiction s'applique, pendant un délai de quinze jours, à ceux qui ont été exposés à la contagion.

Dans le cas de vente pour la boucherie, il est délivré un laissez-passer qui est rapporté au maire dans le délai de cinq jours, avec un certificat attestant que les animaux ont été abattus. Ce certificat est délivré par l'agent préposé à la police de l'abattoir, ou par l'autorité locale dans les communes où il n'existe pas d'abattoir.

Les animaux transportés en vue de la boucherie doivent avoir les pieds tamponnés ; ils ne peuvent être transportés qu'en voiture ou par chemin de fer.

31. Lorsque la fièvre aphteuse prend un caractère envahissant, un arrêté du préfet interdit la tenue des foires et marchés, les réunions ou rassemblements, sur la voie publique ou dans les cours d'auberge, ayant pour but l'exposition ou la mise en vente des animaux des espèces bovine, ovine, caprine et porcine. Toutefois, il est fait exception pour les marchés intérieurs des villes ayant des abattoirs.

32. La déclaration d'infection ne peut être levée par le préfet que lorsqu'il s'est écoulé quinze jours sans qu'il se soit produit un nouveau cas de fièvre aphteuse et après constatation, par le vétérinaire délégué, de l'accomplissement de toutes les prescriptions relatives à la désinfection.

Extrait de la loi du 21 Juin 1898 sur le Code Rural

Police sanitaire des animaux

29. Les maladies réputées contagieuses et qui donnent lieu à déclaration et à l'application des mesures de police sanitaire ci-après sont :

La rage dans toutes les espèces ;

La peste bovine dans toutes les espèces de ruminants ;

La peripneumonie contagieuse, le charbon emphysémateux ou symptomatique et la tuberculose dans l'espèce bovine ;

La clavelée et la gale dans les espèces ovine et caprine ;

La fièvre aphteuse dans les espèces bovine, ovine, caprine et porcine ;

La morve et le farcin, la dourine dans les espèces chevaline, asine et leurs croisements ;

La fièvre charbonneuse ou sang de rate dans les espèces chevaline, bovine, ovine et caprine ;

Le rouget, la pneumo-entérite infectieuse dans l'espèce porcine.

30. Un décret du Président de la République, rendu sur le rapport du ministre de l'agriculture, après avis du comité consultatif des épizooties, pourra ajouter à la nomenclature des maladies réputées contagieuses dans chacune des espèces d'animaux énoncées ci-dessus, toutes autres maladies contagieuses dénommées ou non qui prendraient un caractère dangereux.

Les mesures de police sanitaire pourront être étendues par un décret rendu dans la même forme aux animaux d'espèces autres que celles ci-dessus désignées.

31. Tout propriétaire, toute personne ayant, à quelque titre que ce soit, la charge des soins ou la garde d'un animal atteint ou soupçonné d'être

atteint de l'une des maladies contagieuses prévues par les articles 29 ou 30, est tenu d'en faire la déclaration au maire de la commune où se trouve l'animal.

L'animal atteint, ou soupçonné d'être atteint d'une maladie contagieuse, doit être immédiatement et avant même que l'autorité administrative ait répondu à l'avertissement, sequestré, séparé et maintenu isolé autant que possible des autres animaux susceptibles de contracter cette maladie.

La déclaration et l'isolement sont obligatoires pour tout animal mort d'une maladie contagieuse ou soupçonnée contagieuse, ainsi que pour tout animal abattu, en dehors des cas prévus par le présent livre, qui, à l'ouverture du cadavre, est reconnu atteint ou suspect d'une maladie contagieuse. Sont également tenus de faire la déclaration tous vétérinaires appelés à visiter l'animal vivant ou mort.

Il est interdit de transporter l'animal ou le cadavre avant que le vétérinaire sanitaire l'ait examiné. La même interdiction est applicable à l'enfouissement, à moins que le maire, en cas d'urgence, n'en ait donné l'autorisation spéciale.

32. Le maire doit, dès qu'il a été prévenu, s'assurer de l'accomplissement des prescriptions contenues dans l'article précédent et y pourvoir d'office s'il y a lieu.

Aussitôt que la déclaration prescrite par l'article précédent a été faite, ou à défaut de déclaration, dès qu'il a connaissance de la maladie, le maire fait procéder sans retard, par le vétérinaire sanitaire, à la visite de l'animal ou à l'autopsie du cadavre.

Ce vétérinaire constate et au besoin prescrit la complète exécution des dispositions de l'article 31 et les mesures de désinfection immédiatement nécessaires.

Il donne d'urgence communication au maire des mesures qu'il a prescrites et, dans le plus bref délai, il adresse son rapport au préfet.

33. Après la constatation de la maladie, le préfet statue sur les mesures à mettre en exécution dans le cas particulier. Il prend, s'il est nécessaire, un arrêté portant déclaration d'infection. Cette déclaration peut entraîner, dans le périmètre qu'elle détermine, l'application des mesures suivantes : 1º l'isolement, la séquestration, la visite, le recensement et la marque des animaux et troupeaux dans ce périmètre ; 2º la mise en interdit de ce même périmètre ; 3º l'interdiction momentanée ou la réglementation des foires et marchés, du transport et de la circulation du bétail ; 4º la désinfection des écuries, étables, voitures ou autres moyens de transport, la désinfection ou même la destruction des objets à l'usage des animaux malades ou qui ont été souillés par eux, et, généralement, des objets

quelconques pouvant servir de véhicules à la contagion.

Un règlement d'administration publique détermine celles de ces mesures qui sont applicables suivant la nature des maladies.

Nous rappellerons, pour finir, que la police municipale doit se préoccuper de la question.

En effet, la loi d'avril 1884 définit que :

Art. 97. — La police municipale a pour objet d'assurer le bon ordre, la santé et la salubrité publiques. Elle comprend notamment :

Le soin de prévenir, par des précautions convenables et celui de faire cesser, par la distribution des secours nécessaires, les accidents et les fléaux calamiteux tels que les incendies, les inondations, *les maladies épidémiques ou contagieuses, les épizooties,* en provoquant, s'il y a lieu, l'intervention de l'administration supérieure.

Châteauroux. — Imp. P. Langlois et Cie

www.ingramcontent.com/pod-product-compliance
Ingram Content Group UK Ltd.
Pitfield, Milton Keynes, MK11 3LW, UK
UKHW022221070726
13613UKWH00004B/1804